essentials

essentials liefern aktuelles Wissen in konzentrierter Form. Die Essenz dessen, worauf es als „State-of-the-Art" in der gegenwärtigen Fachdiskussion oder in der Praxis ankommt. *essentials* informieren schnell, unkompliziert und verständlich

- als Einführung in ein aktuelles Thema aus Ihrem Fachgebiet
- als Einstieg in ein für Sie noch unbekanntes Themenfeld
- als Einblick, um zum Thema mitreden zu können

Die Bücher in elektronischer und gedruckter Form bringen das Expertenwissen von Springer-Fachautoren kompakt zur Darstellung. Sie sind besonders für die Nutzung als eBook auf Tablet-PCs, eBook-Readern und Smartphones geeignet. *essentials:* Wissensbausteine aus den Wirtschafts-, Sozial- und Geisteswissenschaften, aus Technik und Naturwissenschaften sowie aus Medizin, Psychologie und Gesundheitsberufen. Von renommierten Autoren aller Springer-Verlagsmarken.

Weitere Bände in dieser Reihe http://www.springer.com/series/13088

Andreas Schmidt

Abrechnung und Bezahlung von Bauleistungen

Schnelleinstieg für Architekten und Bauingenieure

Dr. Andreas Schmidt
Köln, Deutschland

ISSN 2197-6708   ISSN 2197-6716   (electronic)
essentials
ISBN 978-3-658-15703-6   ISBN 978-3-658-15704-3   (eBook)
DOI 10.1007/978-3-658-15704-3

Die Deutsche Nationalbibliothek verzeichnet diese Publikation in der Deutschen National-
bibliografie; detaillierte bibliografische Daten sind im Internet über http://dnb.d-nb.de abrufbar.

Springer Vieweg

Gedruckt auf säurefreiem und chlorfrei gebleichtem Papier

Springer Vieweg ist Teil von Springer Nature
Die eingetragene Gesellschaft ist Springer Fachmedien Wiesbaden GmbH
Die Anschrift der Gesellschaft ist: Abraham-Lincoln-Str. 46, 65189 Wiesbaden, Germany

Was Sie in diesem *essential* finden können

- Hinweise für die korrekte Rechnungslegung in Abhängigkeit vom Vertragstyp
- Erläuterungen zu den verschiedenen Arten von Zahlungen beim Bauvertrag
- Informationen zu Ihren Ansprüchen bei verspäteter Zahlung
- Orientierung, wie Sie Ihren Werklohnanspruch sichern können

Inhaltsverzeichnis

Einleitung 1

1.1 Vorwort

Die Zahlungsmoral von Auftraggebern am Bau ist nach wie vor nicht zufriedenstellend. Der Hauptverband der Deutschen Bauindustrie e. V. meldete im Mai 2016, dass gerade öffentliche Auftraggeber, auf die immerhin 28 % der Umsätze im Bauhauptgewerbe entfallen, ihre Rechnungen weitgehend erst nach mehr als 30 Tagen bezahlen – und diese Statistik beinhaltet nur die unstreitigen Fälle. Dass sich demgegenüber das Zahlungsverhalten der privaten Kunden zuletzt etwas verbessert hat, ist da nur ein schwacher Trost. Noch immer betrifft jede sechste Unternehmensinsolvenz eine Baufirma.

Dieser Befund ist umso ärgerlicher, als der Gesetzgeber schon vor Jahren durchaus Anstrengungen unternommen hat, die Realisierung von Werklohnansprüchen zu erleichtern. Das Gesetz zur Beschleunigung fälliger Zahlungen aus dem Jahr 2000 und das Forderungssicherungsgesetz aus 2008 sind die wichtigsten Beispiele. Auch im Rahmen der aktuell geplanten Reform des Bauvertragsrechts sollen – neben zahlreichen Verbraucherschutzvorschriften – Erleichterungen zugunsten der Bauunternehmer eingeführt werden, etwa bei den Abschlagszahlungen und der Abnahme des Werkes.

Unterm Strich muss man aber konstatieren, dass zumindest bislang die Bemühungen des Gesetzgebers um eine verbesserte Liquiditätszuführung für Bauunternehmer, gemessen an den Ambitionen, reichlich erfolglos waren. Man könnte leicht überspitzt sagen, dass die Kommunen und die Länder als wichtigste Bauauftraggeber mit ihrem Zahlungsverhalten die gesetzlichen Bestrebungen auf Bundesebene konterkarieren.

Allerdings genügt es nicht, nur den Status quo zu beklagen. Bauunternehmen können durch ein professionelles, an den einschlägigen Vorschriften orientiertes

© Springer Fachmedien Wiesbaden GmbH 2016
A. Schmidt, *Abrechnung und Bezahlung von Bauleistungen,*
essentials, DOI 10.1007/978-3-658-15704-3_1

Rechnungswesen die Voraussetzungen dafür schaffen, dass zeitnahe Zahlungen am Bau realisiert werden können. Was hierbei zu beachten ist, soll mit dem vorliegenden Werk überblickartig vermittelt werden. Vorgestellt werden die Regelungen in BGB und VOB/B zur Abrechnung und Zahlung, die Folgen verspäteter Zahlung und Handlungsmöglichkeiten für den Unternehmer, ferner die Verjährungsvorschriften und die gesetzlichen Sicherungsmöglichkeiten für den Werklohnanspruch des Unternehmers.

2.1 Die prüfbare Abrechnung

Der Abrechnung der ausgeführten Bauleistungen kommt eine besondere Bedeutung zu. Denn die **endgültige Höhe der Vergütung** steht regelmäßig nicht schon bei Abschluss des Bauvertrages fest, sondern kann **erst nach vollständiger Ausführung** der Bauleistungen errechnet werden. Dies gilt vor allem beim Einheitspreisvertrag, meist aber auch bei Pauschalverträgen.

Trotz der Bedeutung der Abrechnung enthält das **BGB-Werkvertragsrecht keine Bestimmungen für die Abrechnung** der Werkleistung. Folglich ist die Erteilung einer Rechnung auch **keine Voraussetzung der Fälligkeit** des Werklohns – es genügt hierfür die Abnahme der Werkleistung (§ 641 Abs. 1 BGB; s. OLG Dresden, Urt. v. 14.10.2005, Az. 18 U 2297/04, IBR 2007, 16).

Hinweis für die Praxis

Indes ist der Bauunternehmer nach § 14 des **Umsatzsteuergesetzes** (UStG) zur Rechnungslegung binnen sechs Monaten nach der Ausführung verpflichtet. Rechnet der Unternehmer nicht korrekt nach den Regularien des UStG ab, kann dem Auftraggeber ein **Zurückbehaltungsrecht am Werklohn** zustehen (§ 273 BGB; s. OLG Düsseldorf, Urt. v. 15.05.2008, Az. 5 U 68/07, BauR 2009, 1616).

Anders ist es bei Vereinbarung der VOB/B: Hier ist der Bauunternehmer **verpflichtet,** seine Leistung **prüfbar abzurechnen** (§ 14 Abs. 1 VOB/B). Die Prüfbarkeit der Rechnung ist **Fälligkeitsvoraussetzung** für Zahlungen des Auftraggebers. Die Rechnungen des Unternehmers müssen gemäß § 14 Abs. 1 VOB/B

© Springer Fachmedien Wiesbaden GmbH 2016
A. Schmidt, *Abrechnung und Bezahlung von Bauleistungen,*
essentials, DOI 10.1007/978-3-658-15704-3_2

- **übersichtlich** sein;
- ihnen müssen die zum **Nachweis von Art und Umfang** der erbrachten Leistungen erforderlichen Mengenberechnungen, Zeichnungen, Aufmaßzeichnungen und andere **notwendige Belege beigefügt** werden;
- **Änderungen und Ergänzungen** des Vertrages (Nachträge, also insbesondere Zusatzaufträge, Änderungen in der Art der Bauausführung usw.) sind in der Rechnung besonders kenntlich zu machen – auf Verlangen sind sie getrennt abzurechnen.

Ist die Schlussrechnung des Bauunternehmers nicht prüfbar, so muss der Auftraggeber bzw. sein mit der Bauüberwachung beauftragter Architekt dies **unverzüglich beanstanden.** Geschieht dies nicht, kann sich der Auftraggeber nach Ablauf der Prüfungsfrist von 30 Tagen nach Zugang der Schlussrechnung (bzw. nach Ablauf der vereinbarten Prüfungsfrist) nicht mehr auf eine fehlende Fälligkeit der Schlusszahlung berufen (§ 16 Abs. 3 Nr. 1 S. 3 VOB/B, BGH, Urt. v. 22.12.2005, Az. VII ZR 316/03, BauR 2006, 678). Aber: **Inhaltliche Einwendungen** gegen die Schlussrechnung werden durch den Ablauf der Prüfungsfrist **nicht ausgeschlossen.** Es findet insoweit weiterhin eine **Sachprüfung** statt, ob die Forderung berechtigt ist (BGH, Urt. v. 08.12.2005, Az. VII ZR 50/04, BauR 2006, 517).

Hinweis für die Praxis

Ist eine Rechnung nicht prüfbar, so wird eine auf diese Rechnung gestützte Werklohnklage nur als „derzeit" unbegründet abgewiesen. Der Unternehmer kann sodann eine neue – prüfbare – Rechnung erstellen und diese, falls erforderlich, nochmals einklagen. Diese Möglichkeit besteht nicht mehr, wenn der Auftraggeber wegen Ablaufs der Prüfungsfrist mit dem Einwand fehlender Prüfbarkeit der Rechnung ausgeschlossen ist. Dann nimmt das Gericht eine sachliche Prüfung der Forderungsberechtigung vor. Dies kann dazu führen, dass die Werklohnklage als „endgültig" unbegründet abgewiesen wird. Die Möglichkeit einer neuen Klage besteht dann nicht mehr (OLG Düsseldorf, Urt. v. 14.05.2009, Az. 5 U 131/08, IBR 2009, 657).

2.2   Abrechnung und Vertragstyp

Nur eine prüfbare Abrechnung des Auftragnehmers führt bei Vereinbarung der VOB/B zur Fälligkeit des Vergütungsanspruchs. Der Unternehmer muss also schon im eigenen Interesse die Rechnung prüfbar erstellen. Dabei sind die **Anforderungen an die Prüfbarkeit** der Rechnung vom **Vertragstyp** des geschlossenen

Bauvertrages und vom **Kontroll- und Informationsinteresse des Auftraggebers** abhängig. Die Prüfbarkeit der Rechnung ist also kein Selbstzweck. Beim **Pauschalvertrag** wird es oftmals genügen, wenn der Unternehmer den Pauschalpreis gemäß Vertrag in Rechnung stellt.

Beim **Einheitspreisvertrag** dagegen kommt dem **Aufmaß,** das möglichst ein gemeinsames Aufmaß sein sollte, entscheidende Bedeutung für die Prüfbarkeit der Abrechnung zu. Dieses gemeinsame Aufmaß ist grundsätzlich anhand der **maßgeblichen Zeichnungen** (Ausführungszeichnungen) vorzunehmen, wie sich aus der für alle Gewerke geltenden **DIN 18.299 Abschnitt 5** ergibt: Hiernach ist die Leistung aus Zeichnungen zu ermitteln, soweit die ausgeführte Leistung diesen Zeichnungen entspricht. Sind solche **Zeichnungen nicht vorhanden** oder entspricht die tatsächliche Ausführung wegen vom Auftraggeber angeordneter oder vom Auftragnehmer von sich aus vorgenommener Änderungen nicht diesen Zeichnungen, so ist die Leistung **vor Ort aufzumessen.**

In diesen Fällen müssen die für die Abrechnung notwendigen Feststellungen dem **Fortgang der Leistungen entsprechend möglichst gemeinsam** vorgenommen werden. Wirkt der Auftraggeber trotz Aufforderung nicht am gemeinsamen Aufmaß mit, kann dies eine **Verletzung seiner Kooperationspflicht** darstellen. In einem etwaigen Streitfall vor Gericht kann dies zu einer **Beweislastumkehr** zulasten des Auftraggebers führen (BGH, Urt. v. 22.05.2003, Az.: VII ZR 143/02, BauR 2003, 1207).

Für die Abrechnung von **Stundenlohnarbeiten** enthält § 15 VOB/B besondere Regelungen. Voraussetzung für die Anwendung des § 15 VOB/B ist, dass überhaupt eine Stundenlohnabrechnung für bestimmte Arbeiten mit dem Auftraggeber **vereinbart** worden ist (§ 2 Abs. 10 VOB/B). Der bauleitende Architekt ist in der Regel nicht bevollmächtigt, Stundenlohnarbeiten anzuordnen (BGH, Urt. v. 24.07.2003, Az.: VII ZR 79/02, BauR 2003, 1892 und Urt. v. 14.07.1994, Az.: VII ZR 186/93, BauR 1994, 760).

Im Ausgangspunkt sind Stundenlohnarbeiten nach den **vertraglichen Vereinbarungen** abzurechnen. Wenn solche bezüglich der Höhe fehlen, gilt die **ortsübliche Vergütung.** Nur wenn ausnahmsweise eine ortsübliche Vergütung nicht zu ermitteln ist, greift § 15 Abs. 1 Nr. 2 Satz 2 VOB/B ein, d. h. es werden die **Aufwendungen** des Unternehmers ermittelt und mit angemessenen Zuschlägen für Gemeinkosten und Gewinn zuzüglich Umsatzsteuer vergütet.

Von besonderer Bedeutung für die Abrechnung von Stundenlohnarbeiten ist § 15 Abs. 3 VOB/B, der eine bedeutsame Kontrollfunktion hat. Zunächst sind danach Stundenlohnarbeiten dem Auftraggeber **vor Beginn der Ausführung anzuzeigen.** Dies ist zwar keine Anspruchsvoraussetzung, wohl aber eine

Obliegenheit, bei deren Verletzung sich für den Unternehmer Nachweisschwierigkeiten hinsichtlich des Umfanges der Stundenlohnarbeiten ergeben können.

Nach § 15 Abs. 3 Satz 2 VOB/B hat der Auftragnehmer **werktäglich oder wöchentlich Stundenlohnzettel** über die geleisteten Arbeitsstunden und den Materialeinsatz bzw. Geräteeinsatz einzureichen. Die Stundenlohnzettel müssen die erbrachten Arbeiten so klar beschreiben, dass dem Auftraggeber oder einem hinzugezogenen Dritten eine **Überprüfung möglich** ist. Unzureichend sind also inhaltsleere Erläuterungen wie: „Arbeiten nach Absprache" oder ähnliches (OLG Frankfurt, Urt. v. 14.06.2000, Az.: 23 U 78/99, IBR 2001, 163). Von entscheidender Bedeutung kann sodann das Verhalten des Auftraggebers auf die ihm zugegangenen Stundenlohnzettel sein. § 15 Abs. 3 Satz 3–5 VOB/B bestimmt dazu, dass der Auftraggeber die Stundenlohnzettel unverzüglich, spätestens **innerhalb von sechs Werktagen** nach Zugang, an den Auftragnehmer **zurückgeben** muss. Er kann dabei **Einwendungen** auf dem Stundenlohnzettel oder gesondert schriftlich erheben. **Nicht fristgemäß zurückgegebene Stundenlohnzettel gelten als anerkannt.**

Hinweis für die Praxis

Die Regelung in § 15 Abs. 3 Satz 5 VOB/B, dass nicht fristgemäß zurückgegebene Stundenlohnzettel als anerkannt gelten, dürfte im Hinblick auf **§ 308 Nr. 5 BGB** AGB-rechtlich unwirksam sein (bei Verwendung durch den Unternehmer). Hat jedoch der Auftraggeber die VOB/B gestellt, kann er sich nicht auf eine Unwirksamkeit der Regelung berufen – es bleibt dann also bei dem fingierten Anerkenntnis der nicht rechtzeitig zurückgegebenen Stundenlohnzettel.

2.3   Die Schlussrechnung des Unternehmers

Die Schlussrechnung soll **alle Vergütungsansprüche** enthalten, also auch solche, die auf **Nachtrags- oder Ergänzungsaufträgen** beruhen. Gemäß § 14 Abs. 3 VOB/B ist die Schlussrechnung **innerhalb bestimmter Fristen nach Fertigstellung** der Bauleistung einzureichen. Diese Fristen richten sich nach der Dauer der Ausführungsfrist für die abzurechnende Bauleistung. Hält der Unternehmer sich nicht an die Fristen zur Einreichung der Schlussrechnung, so kann der Auftraggeber ihm eine **angemessene Frist** zur Aufstellung und Einreichung der Schlussrechnung setzen. Nach deren fruchtlosem Ablauf kann er die Schlussrechnung selbst erstellen oder durch einen Dritten erstellen lassen – dies **auf Kosten des Unternehmers** (§ 14 Abs. 4 VOB/B).

Bei Vereinbarung der VOB/B ist die Einreichung einer prüfbaren Schlussrechnung nach erfolgter Abnahme **Voraussetzung für die Fälligkeit des Schlusszahlungsanspruchs** des Unternehmers (§ 16 Abs. 3 Nr. 1 VOB/B). Die Fälligkeit tritt spätestens **nach Ablauf der Prüfungsfrist von 30 Tagen nach Zugang der Schlussrechnung bzw. nach Ablauf der vereinbarten Prüfungsfrist von maximal 60 Tagen** ein, § 16 Abs. 3 Nr. 1 S. 1 u. 2. VOB/B. Innerhalb der jeweils maßgeblichen Frist hat die Prüfung zu erfolgen, wobei der Auftraggeber aber nach Zugang der Schlussrechnung unverzüglich prüfen muss, ob alle notwendigen Unterlagen zur Prüfung und Feststellung beigefügt sind. Geschieht dies nicht, so kann sich der Auftraggeber nicht auf mangelnde Fälligkeit berufen (BGH, Urt. v. 27.11.2003, Az. VII ZR 288/02, BauR 2004, 316).

Hinweis für die Praxis

Ob die Prüfungsfrist nach § 16 Abs. 3 Nr. 1 S. 1 u. 2. VOB/B einer **isolierten Inhaltskontrolle gemäß § 307 BGB** standhält, ist derzeit noch ungeklärt, da die Regelung in dieser Form erst seit der VOB-Fassung 2012 existiert. Die in früheren VOB-Fassungen vorgesehene zweimonatige Prüffrist wurde von der herrschenden Meinung als AGB-rechtlich unwirksam angesehen. Nach OLG Celle wird – bei Verwendung der VOB/B durch den Auftragnehmer – der Auftraggeber unangemessen benachteiligt, indem die Fälligkeit der Forderung und damit ggf. der Eintritt der Verjährung der Werklohnforderung hinausgeschoben wird (OLG Celle, Urt. v. 18.12.2008, Az. 6 U 65/08, BauR 2010, 1764).

Bei Verwendung der VOB/B durch den Auftraggeber erkannten mehrere Obergerichte in der früheren Zwei-Monatsfrist eine unangemessene Benachteiligung des Bauunternehmers (OLG München, Urt. v. 26.07.1994, Az. 13 U 1804/94, BauR 1995, 138; OLG Celle, Urt. v. 18.12.2008, Az. 6 U 65/08, IBR 2010, 490; OLG Naumburg, Urt. v. 12.01.2012, Az. 9 U 165/11, IBR 2012, 131). Diese Rechtsprechung wird aber nicht auf die Prüfungsfrist nach § 16 Abs. 3 Nr. 1 S. 1 u. 2. VOB/B (seit Fassung 2012) übertragen werden können, da diese Regelung sich an den gesetzlichen Vorgaben in dem neuen § 271a BGB (in Kraft seit dem 29.07.2014) orientiert. Siehe hierzu auch den neuen § 308 Nr. 1a BGB (ebenfalls in Kraft seit 29.07.2014).

Beim BGB-Werkvertrag ist gemäß **§ 641 BGB** die Vergütung **bei der Abnahme** des Werkes zu leisten. Ist das Werk ausnahmsweise in Teilen abzunehmen und die Vergütung für die einzelnen Teile bestimmt, ist sie für jeden Teil bei dessen Abnahme zu zahlen. Teilabnahmen finden beim BGB-Werkvertrag nur statt, wenn die Parteien dies vereinbart haben. Beim VOB/B-Vertrag sind – auch ohne gesonderte Vereinbarung – in sich abgeschlossene Teile der Leistung auf Verlangen im Wege der Teilabnahme abzunehmen.

Vor der Abnahme hat der Bauunternehmer – sowohl nach dem BGB-Werkvertragsrecht als auch bei vereinbarter VOB/B – nur Anspruch auf **Abschlagszahlungen** (§ 632a BGB, § 16 Abs. 1 VOB/B).

3.1   Abschlagszahlungen

Abschlagszahlungen haben den Charakter einer nur **vorläufigen Erledigung** eines Teiles der Zahlungspflicht durch den Auftraggeber. Sie sind ohne Einfluss auf die Haftung des Auftragnehmers. Insbesondere gelten sie **nicht als Abnahme** von Teilen der Leistung. Die Begleichung einer Abschlagsrechnung stellt auch **kein Anerkenntnis** von darin abgerechneten Mengen oder Nachträgen dar (a. A. OLG Koblenz, Beschl. v. 28.05.2013, Az. 3 U 1445/12, IBR 2013, 648). Dem Auftraggeber bleibt es also unbenommen, die Mengen bzw. Nachträge bei der endgültigen Abrechnung infrage zu stellen.

Voraussetzung für Abschlagszahlungen sind nach dem BGB-Werkvertragsrecht vor allem eine **vertragsgemäß erbrachte (Teil-)Leistung** des Unternehmers und ein **dadurch erlangter Wertzuwachs** des Bestellers (§ 632a Abs. 1 BGB in der seit 01.01.2009 gültigen Fassung). Bei Vereinbarung der **VOB/B** wird

© Springer Fachmedien Wiesbaden GmbH 2016
A. Schmidt, *Abrechnung und Bezahlung von Bauleistungen*,
essentials, DOI 10.1007/978-3-658-15704-3_3

auf den **Wert der nachgewiesenen vertragsgemäßen Leistungen** abgestellt (§ 16 Abs. 1 Nr. 1 Satz 1 VOB/B). Das bedeutet, dass insoweit eine volle Bezahlung zu erfolgen hat, also nicht nur zu 95 % oder weniger. Soll der Auftraggeber die Befugnis zu einer geringeren Zahlung haben, muss dies im Vertrag festgehalten werden. Dies wäre aber eine **Abänderung der VOB/B,** die zur Inhaltskontrolle nach den §§ 307 ff. BGB führt.

Wenn in § 16 Abs. 1 Nr. 1 Satz 1 VOB/B der Begriff „vertragsgemäße Leistungen" verwendet wird, so bedeutet dies, dass die in der Abschlagsrechnung aufgeführten Leistungen auch in Bezug auf die **Qualität** dem Vertrag entsprechen müssen. Die Regelung in **§ 632a Abs. 1 BGB** sieht sogar vor, dass (nur) **wegen unwesentlicher Mängel eine Abschlagszahlung nicht verweigert** werden kann. Dies bedeutet im Umkehrschluss, dass beim **BGB-Werkvertrag** bei Vorliegen **wesentlicher Mängel überhaupt keine Abschlagszahlungen** zu leisten sind. Diese Regelung wird von vielen als nicht praxisgerecht angesehen, zumal die Unterscheidung wesentlicher von unwesentlichen Mängeln im Einzelfall schwierig sein kann. Im Rahmen der aktuell geplanten Reform des gesetzlichen Bauvertragsrechts soll § 632a BGB daher reformiert werden; insoweit bleibt die weitere Entwicklung abzuwarten.

Für den **VOB/B-Vertrag** wird im Falle von Mängeln nur ein **anteiliges Zurückbehaltungsrecht** des Auftraggebers in Höhe der **Mängelbeseitigungskosten zuzüglich eines Druckzuschlags** angenommen (st. Rspr. – u. a. BGH, Urt. v. 25.10.1990, Az. VII ZR 201/89, BauR 1991, 81; Urt. v. 29.04.1988, Az. VII ZR 65/87, BauR 1988, 474 und Urt. v. 09.07.1981, Az.: VII ZR 40/80, BauR 1981, 577).

Gemäß § 16 Abs. 1 Nr. 3 VOB/B beträgt die Frist zur Leistung der Abschlagszahlung **21 Tage** nach Zugang der prüfbaren Aufstellung. Die Anforderungen an die Prüfbarkeit sind hier geringer als bei der Schlussrechnung (BGH, Urt. v. 09.01.1997, Az. VII ZR 69/96, BauR 1997, 468). Nach der gesetzlichen Regelung ist ebenfalls eine prüfbare Aufstellung vorzulegen (§ 632a Abs. 1 Satz 4 BGB). Eine Zahlungsfrist ist im Gesetz hingegen nicht vorgesehen. Die Zahlung wird also sofort mit Zugang der prüfbaren Aufstellung fällig.

Hinweis für die Praxis

Zur Rechtzeitigkeit des Geldeingangs kommt es nach der Rechtsprechung des Europäischen Gerichtshofs – entgegen der früher in Deutschland herrschenden Meinung – jedenfalls im geschäftlichen Verkehr nicht auf das Datum der Überweisung an, sondern auf den **Geldeingang beim Unternehmer** (EuGH, Urt. v. 03.04.2008, Az.: C 306/06, NJW 2008, 1935). Grundlage dieser Rechtsprechung ist die Richtlinie zur Bekämpfung von Zahlungsverzug im Geschäftsverkehr (RL 2000/35/EG, neugefasst durch RL 2011/7/EU). Ob dies auch im Verkehr unter Privatleuten gilt, hat der BGH bisher offengelassen (BGH, Urt. v. 13.07.2010, Az. VIII ZR 129/09, NJW 2010, 2879). Das OLG Karlsruhe (Urt. v. 09.04.2014, Az. 7 U 177/13) verneint eine Anwendbarkeit dieser Grundsätze auf Zahlungen unter Privatleuten.

Bei eigens für die geforderte Leistung **angefertigten und bereitgestellten** Bauteilen und **auf die Baustelle angelieferten,** aber noch nicht eingebauten Stoffen oder Bauteilen können ebenfalls Abschlagszahlungen beansprucht werden. Voraussetzung für den Anspruch auf Abschlagszahlung ist in diesen Fällen jedoch, dass dem Auftraggeber nach seiner Wahl das **Eigentum** an diesen Bauteilen oder Stoffen übertragen oder entsprechende **Sicherheit geleistet** wird (§ 632a Abs. 1 Satz 5 BGB, § 16 Abs. 1 Nr. 1 Satz 3 VOB/B).

Hinweis für die Praxis

Diese Regelungen erlangen vor allem dann Bedeutung, wenn es bei Behinderungen zu Verzögerungen im Bauablauf kommt. Für den Unternehmer kann es dann sinnvoll sein, z. B. Fenster und Türen im Werk vorzuproduzieren und für diese Leistung bereits eine Abschlagszahlung zu vereinnahmen. Dies kann auch für den Auftraggeber attraktiv sein, denn durch die Vorfertigung der Bauteile kann ein Teil der Verzögerung wieder aufgefangen werden: Die vorproduzierten Bauteile müssen dann später, wenn die Behinderung entfallen ist, nur noch montiert werden.

Ein Anspruch auf Abschlagszahlung kann dann nicht mehr geltend gemacht werden, wenn die Bauleistung **fertiggestellt und abgenommen** ist und der Unternehmer die **Schlussrechnung gestellt** hat. Gleiches gilt, wenn nach Fertigstellung und Abnahme der Leistung die **Frist abgelaufen** ist, binnen derer der Auftragnehmer gemäß § 14 Abs. 3 VOB/B die Schlussrechnung einzureichen hat (BGH, Urt. v. 20.08.2009, Az. VII ZR 205/07, BauR 2009, 1724). In diesem Fall kann der Unternehmer nur noch die Schlusszahlung verlangen. Hierdurch soll ein unübersichtliches Nebeneinander von Abschlags- und Schlussrechnungsforderungen vermieden werden.

3.2   Vorauszahlungen

Bei Vorauszahlungen leistet der Auftraggeber bereits Zahlungen, **ohne dass** diesen eine **entsprechende Leistung** gegenübersteht. Insofern unterscheiden sie sich von Abschlagszahlungen.

Vorauszahlungen werden aus zwei Gründen praktiziert. Zum einen kann der Auftragnehmer bei drohenden Preiserhöhungen für Baustoffe (bspw. Betonstahl) durch rechtzeitige Beschaffung des betreffenden Materials das **Preisrisiko verringern.** Zum anderen werden Vorauszahlungen geleistet, um dem Auftragnehmer die **Finanzierung der Baudurchführung zu erleichtern.** Dafür gewährt der Auftragnehmer meist einen Preisnachlass.

Vorauszahlungen werden stets **auf Grundlage entsprechender Vereinbarungen** der Parteien geleistet. Weder das Gesetz noch die VOB/B gewährt dem Auftragnehmer einen Anspruch auf Vorauszahlungen. Die VOB/B sieht in § 16 Abs. 2 Nr. 1 die Möglichkeit vor, Vorauszahlungen auch **noch nach Vertragsabschluss** zu vereinbaren. Der Auftragnehmer hat dem Auftraggeber in diesem Fall nach der Regelung des § 16 Abs. 2 Nr. 1 VOB/B auf Verlangen **ausreichende Sicherheit** zu leisten. Außerdem hat der Auftragnehmer sie, sofern nichts anderes vereinbart ist, mit drei Prozentpunkten über dem jeweils gültigen Basiszinssatz nach § 247 BGB zu **verzinsen.**

Hinweis für die Praxis

Der Basiszinssatz nach § 247 BGB beläuft sich bei Drucklegung dieses Werkes (2. Halbjahr 2016) auf jährlich −0,88 %. Eine Vorauszahlung ist also derzeit mit 2,12 % p. a. zu verzinsen. Trotz des niedrigen Basiszinssatzes ist dies also immer noch ein gutes Geschäft für den Auftraggeber – jedenfalls wenn er neben den Zinsen auch Sicherheit erhält (z. B. in Form einer Bürgschaft).

Achtung: Der Basiszinssatz ändert sich immer zum Jahresbeginn und zum Halbjahr. Ein brauchbarer Zinsrechner findet sich unter www.basiszinssatz. info.

Die Parteien können auch **bereits bei Vertragsabschluss** Vorauszahlungen vereinbaren. Hierbei wird der Auftraggeber darauf bestehen, dass sich der Unternehmer im Gegenzug verpflichtet, diese Zahlungen ausreichend abzusichern. Die VOB/B-Regelung deckt diesen Fall nicht ab – es bedarf hier also einer **Vereinbarung** über die Ausreichung einer Sicherheit durch den Unternehmer.

Vorauszahlungen sind gemäß § 16 Abs. 2 Nr. 2 VOB/B auf die nächstfälligen Zahlungen anzurechnen. Hierdurch soll erreicht werden, dass sich der Leistungsstand und die geleisteten Zahlungen möglichst schnell angleichen.

Hinweis für die Praxis

Die Vertragspartner können aber auch vereinbaren, dass die Anrechnung erst auf später fällige Zahlungen erfolgen soll oder erst, wenn ein bestimmter Leistungsstand erreicht ist. Der Unternehmer erlangt hierdurch den Vorteil, die Vorauszahlung länger anrechnungsfrei neben den Abschlagszahlungen behalten zu dürfen. Dies ist vor allem dann attraktiv, wenn der Unternehmer die Vorauszahlung vereinbarungsgemäß nicht verzinsen muss.

Voraussetzung der Anrechnung ist, dass der Unternehmer Leistungen erbracht hat, für welche die Vorauszahlung geleistet wurde.

Beispiel

Die Parteien haben eine Vorauszahlung für den Einbau einer neuen Heizungsanlage in Höhe von € 10.000 vereinbart. Daneben hat der Unternehmer noch Sanitärarbeiten zu erbringen. Er beginnt mit den Sanitärarbeiten und fordert nach entsprechendem Leistungsstand eine Abschlagszahlung von € 10.000. Der Auftraggeber möchte auf diese Abschlagszahlung die Vorauszahlung von € 10.000 anrechnen.

Nach § 16 Abs. 2 Nr. 2 VOB/B ist eine solche Anrechnung nicht möglich, da die Vorauszahlung für andere Leistungen gewährt wurde.

Abwandlung:

Eine Vorauszahlung wurde wie oben vereinbart. Der Unternehmer beginnt parallel mit den Heizungs- und den Sanitärarbeiten. Er stellt nach entsprechendem Leistungsstand eine Abschlagszahlung von € 10.000. Dieser liegen wertmäßig je zur Hälfte Heizungs- und Sanitärarbeiten zugrunde.

Auf diese Abschlagsforderung wäre die Vorauszahlung anteilig in Höhe von € 5000 anzurechnen. In dieser Höhe hat der Auftraggeber für die geleisteten Arbeiten (Heizung) eine Vorauszahlung gewährt. Der Auftraggeber müsste also noch einen Abschlag von € 5000 an den Unternehmer zahlen.

3.3 Die Schlusszahlung

Die Regularien zur Schlusszahlung in **§ 16 Abs. 3 VOB/B** stellen eine **Besonderheit der VOB/B** dar. Das gesetzliche Werkvertragsrecht unterscheidet lediglich zwischen dem bei der Abnahme fällig werdenden Vergütungsanspruch (§ 641 Abs. 1 BGB) sowie dem Anspruch auf Abschlagszahlungen (§ 632a BGB).

Unter der Schlusszahlung versteht man die **endgültige Begleichung** der Vergütung des Unternehmers aus dem Bauvertrag. Es wird dem Unternehmer der gesamte Betrag ausgezahlt, der ihm noch zusteht – also abzüglich vorausgegangener Abschlags-, Voraus- und Teilschlusszahlungen. Eine Schlusszahlung liegt vor, wenn die Zahlung insgesamt den **Willen des Auftraggeber**s erkennen lässt, eine **abschließende Zahlung** zu leisten. Dazu genügen im Allgemeinen Vermerke wie bspw. Restzahlung oder Restbetrag.

Die Schlusszahlung setzt die vorherige Aufstellung und Einreichung der **prüfbaren Schlussrechnung** durch den Unternehmer voraus (§ 14 Abs. 1 VOB/B). Die Schlusszahlung ist alsbald nach Prüfung und Feststellung der vom Auftragnehmer vorgelegten **Schlussrechnung** zu leisten, spätestens nach Ablauf der Prüfungsfrist von 30 Tagen nach Zugang der Schlussrechnung bzw. nach Ablauf der vereinbarten Prüfungsfrist von maximal 60 Tagen, § 16 Abs. 3 Nr. 1 S. 1 u. 2. VOB/B. Die Prüfung der Schlussrechnung ist nach Möglichkeit zu beschleunigen. Verzögert sie sich, so ist das **unbestrittene Guthaben als Abschlagszahlung sofort** zu zahlen.

Beim VOB/B-Vertrag wird die Schlusszahlung also grundsätzlich erst nach Ablauf der jeweiligen Prüfungsfrist **fällig.** Dies bedeutet zum einen, dass der Unternehmer vorher die Schlusszahlung nicht verlangen kann. Zum anderen können sich hierdurch Auswirkungen auf die **Verjährung** des Schlusszahlungsanspruchs des Unternehmers ergeben.

Hinweis für die Praxis

Wie bereits ausgeführt, wurde die Prüffrist, die nach früheren VOB-Fassungen zwei Monate betrug, in der Rechtsprechung bei einer **isolierten Inhaltskontrolle gemäß § 307 BGB** als **unwirksam** angesehen. Bei der Übertragung dieser Rechtsprechung auf die seit der VOB-Fassung 2012 neu geregelte Prüffrist – 30 bzw. maximal 60 Tage – ist jedoch Vorsicht geboten.

Eine weitere Besonderheit der VOB/B ist die sogenannte **Schlusszahlungseinrede des Auftraggebers** nach § 16 Abs. 3 Nr. 2–5 VOB/B. Diese Einrede kann dazu führen, dass der Unternehmer nach einer Schlusszahlungserklärung des

Auftraggebers keine Nachforderungen mehr stellen kann – auch wenn seine berechtigten (!) Forderungen noch nicht erfüllt sind. Hierfür müssen folgende **Voraussetzungen** erfüllt sein:

- Der Unternehmer muss seine Schlussrechnung erteilt haben.
- Der Auftraggeber muss daraufhin eine als solche gekennzeichnete Schlusszahlung geleistet oder weitere Zahlungen endgültig und schriftlich abgelehnt haben.
- Der Auftraggeber muss den Auftragnehmer schriftlich auf die Ausschlusswirkung gemäß § 16 Abs. 3 Nr. 2 VOB/B hingewiesen haben.
- Der Auftragnehmer hat sich binnen der Frist von 28 Tagen nach Eingang der Schlusszahlung und des Hinweises auf die Ausschlusswirkung seine Vergütungsansprüche nicht vorbehalten. Oder: Der Auftragnehmer hat zwar fristgemäß einen Vorbehalt erklärt, sodann aber nicht innerhalb einer Frist von weiteren 28 Tagen eine (bis dahin fehlende) prüfbare Abrechnung vorgelegt oder, wenn das nicht möglich ist, den Vorbehalt eingehend begründet.

Beispiel

Die VOB/B ist vereinbart. Der Unternehmer reicht eine Schlussrechnung über einen Restwerklohn in Höhe von € 500.000 ein. Der Auftraggeber prüft die Rechnung mit dem Ergebnis, dass er nur € 200.000 als berechtigt anerkennt. Diesen Betrag zahlt er als Schlusszahlung an den Unternehmer. Zugleich weist er darauf hin, dass eine vorbehaltlose Annahme der Schlusszahlung Nachforderungen ausschließt.

Der Unternehmer versäumt es, innerhalb der Frist von 28 Tagen einen Vorbehalt zu erklären. Er ist deshalb mit seiner Restforderung von € 300.000 ausgeschlossen – selbst wenn diese eigentlich berechtigt ist!

Die Rechtsprechung stellt **strenge Anforderungen** an den Inhalt des **schriftlichen Hinweises** auf die Ausschlusswirkung. So soll der Auftraggeber die Schlusszahlungseinrede nur dann erheben können, wenn er den Unternehmer auf die Vorbehaltsfrist von 28 Tagen sowie auf die Begründungsfrist von weiteren 28 Tagen nach Ablauf der Vorbehaltsfrist zutreffend hingewiesen hat (OLG Karlsruhe, Urt. v. 22.10.2008, Az. 7 U 254/07, IBR 2009, 12). Hat der Auftraggeber diese Hinweise ordnungsgemäß erteilt, kann der Unternehmer nur innerhalb der genannten Fristen Nachforderungen stellen. Nach Fristablauf sind jegliche

Nachforderungen des Unternehmers gesperrt – selbst wenn diese in der Schlussrechnung noch gar nicht enthalten waren (BGH, Urt. v. 24.03.2016, Az. VII ZR 201/15, IBR 2016, 328).

Hinweis für die Praxis

Die Schlusszahlungseinrede des Auftraggebers scheitert in der Praxis oft, wenn die **VOB/B nicht als Ganzes vereinbart** worden ist (BGH, Urt. v. 10.05.2007, Az. VII ZR 226/05, BauR 2007, 1404). Grund hierfür ist, dass die Einrede dazu führen kann, dass sachlich berechtigte Ansprüche des Unternehmers allein aus formalen Gründen nicht mehr durchsetzbar sind. Dies wird als **unangemessene Benachteiligung des Unternehmers** im Sinne des § 307 BGB angesehen. Die AGB-rechtliche Unwirksamkeit bei isolierter Inhaltskontrolle führt dazu, dass der Schlusszahlungseinrede in der Praxis nur noch selten streitentscheidende Bedeutung zukommt.

Gleichwohl sollten Bauunternehmer bei vereinbarter VOB/B die Regularien zur Vorbehaltserklärung und -begründung stets einhalten, um rechtliche Risiken zu vermeiden. Dies gilt umso mehr, als sie sich nicht auf eine AGB-rechtliche Unwirksamkeit der Schlusszahlungseinrede berufen können, wenn Unternehmer die VOB/B selbst in den Vertrag eingeführt haben.

Besondere Vorsicht ist **bei öffentlichen Aufträgen** geboten, da die öffentlichen Auftraggeber die VOB/B häufig ohne inhaltliche Abänderungen vereinbaren. Dann findet keine AGB-Inhaltskontrolle einzelner Klauseln statt, sodass es bei der Wirksamkeit der Regelungen zur Schlusszahlungseinrede bleibt. Hier droht also der Verlust berechtigter Ansprüche allein wegen Nichteinhaltung der Fristen für den Vorbehalt und die Vorbehaltsbegründung!

3.4 Teilschlusszahlung

Die Erteilung einer Teilschlussrechnung gemäß § 16 Abs. 4 VOB/B setzt voraus, dass es sich um die Abrechnung **in sich abgeschlossener Leistungsteile** im Rahmen der bauvertraglichen Gesamtleistungsverpflichtung des Auftragnehmers handelt.

Selbstständig und damit in sich abgeschlossen ist eine Leistung, wenn sie nicht lediglich Bestandteil einer Gesamtleistung ist, sondern auch für sich als **funktionell selbstständig beurteilbare Bauleistung** angesehen werden kann. Das gilt besonders, wenn der Gesamtbauauftrag aus mehreren selbstständigen und gleichartigen Einzelwerken besteht, wie z. B. dem Bau mehrerer Straßen, der

Errichtung von mehreren Gebäuden, Rohbauten usw., ggf. auch bei getrennten Gewerken bei einem Schlüsselfertigbauvertrag.

Bei vereinbarter VOB/B ist es **nicht erforderlich,** eine Verpflichtung zur Teilschlusszahlung in den **Bauvertrag** gesondert aufzunehmen. Vielmehr genügt es, wenn einer der Vertragspartner bei Vorliegen der erörterten Voraussetzungen ein Recht auf Teilschlusszahlungen **geltend macht.** In diesem Fall ist der andere Vertragspartner gehalten, diesem Verlangen Folge zu leisten.

Hat der Auftraggeber eine Teilschlussrechnung bezahlt, so kann er die zugrunde liegenden Leistungen nicht später im Rahmen eines Rechtsstreits über die Schlussrechnung bestreiten. In seiner Zahlung ist – im Unterschied zur Abschlagszahlung – ein **Schuldanerkenntnis** zu sehen.

Hinweis für die Praxis

Die Teilschlusszahlung bei in sich abgeschlossenen Teilen der Leistung stellt eine Besonderheit der VOB/B dar. Das BGB-Werkvertragsrecht sieht Entsprechendes nicht vor. **Nur** im Fall einer **vertraglichen Vereinbarung** ist beim BGB-Werkvertrag ein **Werk in Teilen abzunehmen.** In diesem Fall ist die **Vergütung für jeden Teil bei dessen Abnahme** zu entrichten (§ 641 Abs. 1 Satz 2 BGB).

Folgen verspäteter Zahlung 4

Zahlt der Auftraggeber eines BGB-Werkvertrages die Vergütung nicht bei Fälligkeit (also bei der Abnahme), so hat er **von der Abnahme an** den Werklohn zu verzinsen (§ 641 Abs. 4 BGB). Hierbei handelt es sich um **Fälligkeitszinsen,** da der Auftraggeber noch nicht in Verzug ist. Der Zinssatz beträgt pro Jahr **4 % nach § 246 BGB** bzw. bei beiderseitigen Handelsgeschäften **5 % nach § 352 HGB.** Nach der Rechtsprechung sollen aber Fälligkeitszinsen nicht geschuldet sein, solange dem Auftraggeber keine prüfbare Rechnung vorliegt (OLG Frankfurt am Main, Urt. v. 31.03.1999, Az. 7 U 113/90, IBR 2000, 367) (s. Abb. 4.1).

Die Möglichkeit, bereits ab der Fälligkeit Zinsen zu verlangen, besteht bei vereinbarter **VOB/B nicht.** Hier kommt ein Zinsanspruch erst bei **Zahlungsverzug** des Auftraggebers in Betracht.

4.1 Verzug

Nach § 286 Abs. 1 BGB kommt der Auftraggeber aufgrund einer **Mahnung nach Eintritt der Fälligkeit** in Verzug. Eine Fristsetzung ist nicht erforderlich. Der Unternehmer muss also lediglich nach der Abnahme den Auftraggeber bestimmt zur Zahlung auffordern, um diesen in Verzug zu setzen.

Unter den Voraussetzungen des § 286 Abs. 2 BGB kommt der Auftraggeber auch **ohne eine Mahnung** in Verzug – bspw. wenn für die Zahlung ein bestimmtes kalendarisches Datum festgelegt wurde. Dies ist bei Werklohnforderungen eher selten der Fall. Eine wichtige Ausnahme vom Erfordernis einer Mahnung enthält die Regelung in § 286 Abs. 3 BGB: Hiernach kommt der Auftraggeber spätestens in Verzug, wenn er die Zahlung nicht binnen **30 Tagen nach Fälligkeit und Zugang einer Rechnung oder gleichwertigen Zahlungsaufstellung** leistet.

© Springer Fachmedien Wiesbaden GmbH 2016
A. Schmidt, *Abrechnung und Bezahlung von Bauleistungen,*
essentials, DOI 10.1007/978-3-658-15704-3_4

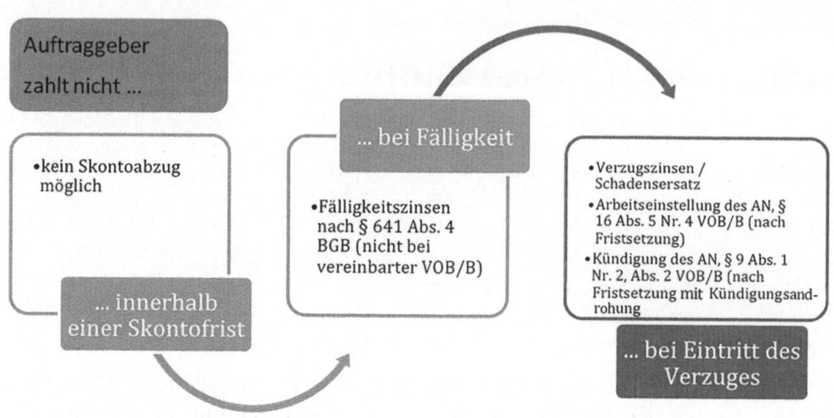

Abb. 4.1 Folgen verspäteter Zahlung

Hinweis für die Praxis

Ist der Auftraggeber ein **Verbraucher,** so muss der Unternehmer ihn in der Rechnung oder Zahlungsaufstellung auf die Rechtsfolge des § 286 Abs. 3 BGB **hinweisen.** Anderenfalls tritt der Verzug auf diesem Wege nicht ein. Dieser Hinweis ist nicht erforderlich bei einem öffentlichen oder unternehmerischen Auftraggeber. Allerdings kann es dem Bauunternehmer nicht schaden, den Hinweis generell in sein Rechnungsformular aufzunehmen. Denn bei vielen Auftraggebern ist die Vorschrift unbekannt oder wird gern ignoriert. Ein solcher Hinweis kann etwa wie folgt lauten:

„Wir weisen darauf hin, dass bei Nichtzahlung nach den gesetzlichen Vorschriften Zahlungsverzug spätestens nach Ablauf von 30 Tagen ab Fälligkeit und Erhalt dieser Rechnung eintritt (§ 286 Abs. 3 BGB)."

Ab Eintritt des Verzuges kann der Unternehmer **höhere Zinsen** als gemäß § 246 BGB bzw. § 352 HGB verlangen: Die Verzugszinsen betragen laut § 288 Abs. 1 BGB pro Jahr **fünf Prozentpunkte über dem Basiszinssatz.** Ist am Vertrag kein Verbraucher beteiligt, beträgt der Verzugszinssatz für Entgeltforderungen (also z. B. Werklohn) **neun Prozentpunkte über dem Basiszinssatz** (§ 288 Abs. 2 BGB). Der Basiszinssatz (§ 247 BGB) wird zum 1. Januar und 1. Juli eines jeden Jahres an die aktuelle Zinsentwicklung an den Finanzmärkten angepasst. Die jeweils aktuelle Höhe des Basiszinssatzes ist den Bekanntmachungen der Deutschen Bundesbank zu entnehmen. Seit Anfang 2013 ist der Basiszinssatz aufgrund der aktuellen Niedrigzinsphase ein Negativzinssatz.

> **Beispiel**
> Bei einem Werkvertrag zwischen zwei Unternehmen war der Auftraggeber
> vom 1. September 2014 bis zum 23. Dezember 2014 in Zahlungsverzug.
> In diesem Zeitraum betrug der Basiszinssatz durchgehend $-0{,}73\,\%$. Der
> Unternehmer hat daher Anspruch auf Verzugszinsen gemäß § 288 Abs. 2
> BGB in Höhe von 8,27 % pro Jahr. Wenn sich der Basiszinssatz während
> des Verzugszeitraums ändert, müssen die Zinsen für die einzelnen Zinszeit-
> räume jeweils gesondert berechnet werden. Im Internet stehen hierfür
> geeignete Zinsrechner zur Verfügung (z. B. www.basiszinssatz.info).

Haben die Parteien die VOB/B vereinbart, sind die Voraussetzungen des Zahlungsverzuges des Auftraggebers abweichend geregelt (§ 16 Abs. 5 Nr. 3
VOB/B). Hiernach setzt der Eintritt der Verzugsfolgen grundsätzlich voraus,
dass der Unternehmer dem Auftraggeber erfolglos eine **angemessene Nachfrist**
gesetzt hat. Eine Nachfrist ist angemessen, wenn sie den Auftraggeber bei objektiver Betrachtung unter normalen Umständen in die Lage versetzt, die bereits
fällige Zahlung nunmehr zu leisten. In der Regel sollten hierfür **etwa sechs
Werktage** genügen.

Anders als nach § 286 Abs. 1 BGB **genügt eine Mahnung hier also nicht.**
Zusätzlich muss der Unternehmer eine Zahlungsfrist setzen. Mit der erforderlichen Nachfristsetzung zur Herbeiführung des Zahlungsverzuges weicht die
VOB/B entscheidend vom gesetzlichen Leitbild des Verzugseintritts ab. Nach der
Rechtsprechung des Bundesgerichtshofs (BGH, Urt. v. 20.08.2009, Az. VII ZR
212/07, BauR 2009, 1736) ist § 16 Nr. 5 Abs. 3 VOB/B (Fassung 2000) daher **bei
isolierter Inhaltskontrolle** wegen unangemessener Benachteiligung des Unternehmers gemäß § 307 BGB **unwirksam.** Hat der Unternehmer die VOB/B selbst
in den Vertrag eingebracht, kann er sich darauf indes nicht berufen.

Seit der **VOB-Fassung 2012** ist diese Problematik insofern entschärft, als
die VOB nunmehr vorsieht, dass der Auftraggeber, Verschulden vorausgesetzt,
ohne Nachfristsetzung spätestens 30 Tage (bzw. je nach Vereinbarung maximal
60 Tage) nach Zugang der Schlussrechnung (oder der Aufstellung bei Abschlagszahlungen) in Zahlungsverzug kommt, wenn der Auftragnehmer vertragsgemäß geleistet hat. Hier nähert sich die VOB also der gesetzlichen Regelung des
Schuldnerverzugs an, vgl. § 286 Abs. 3 BGB. Die Rechtsprechung des BGH
(Urt. v. 20.08.2009, Az. VII ZR 212/07, BauR 2009, 1736) zur Unwirksamkeit
des § 16 Nr. 5 Abs. 3 VOB/B (Fassung 2000) ist daher nicht ohne Weiteres auf
die Neuregelung des § 16 Abs. 5 Nr. 3 VOB/B (seit Fassung 2012) übertragbar.

> **Hinweis für die Praxis**
>
> Bauunternehmer sollten es sich zur Gewohnheit machen, im Fall von Zahlungsverzug des Auftraggebers **stets eine Nachfrist zu setzen.** Nennenswerte Verzögerungen ergeben sich hierdurch nicht. Oftmals wird im Zuge der Auseinandersetzungen über die Schlussabrechnung die Nachfristsetzung schlicht vergessen. Ein Recht des Auftragnehmers auf Arbeitseinstellung (z. B. im Rahmen der Mängelbeseitigung) ergibt sich aber nur unter der Voraussetzung, dass eine gesetzte Frist abgelaufen ist, § 16 Abs. 5 Nr. 4 VOB/B.

Nach Ablauf der Nachfrist kann der Auftragnehmer Zinsen in Höhe des in § 288 Abs. 2 BGB angegebenen Zinssatzes verlangen, also **neun Prozentpunkte über dem Basiszinssatz.** Entsprechendes gilt, wenn der Auftraggeber wegen Ablaufs der Prüffrist nach Zugang der Schlussrechnung (30 Tage bzw. je nach Vereinbarung maximal 60 Tage) in Verzug gerät.

> **Hinweis für die Praxis**
>
> Der in § 288 Abs. 1 BGB vorgesehene Zinssatz von fünf Prozentpunkten über dem Basiszinssatz für Verträge mit Verbrauchern ist in der VOB/B seit der Fassung 2009 nicht mehr vorgesehen. Grund hierfür ist, dass der Deutsche Vergabe- und Vertragsausschuss, der die VOB/B aufstellt und im Bundesanzeiger veröffentlichen lässt, klarstellen wollte, dass die **VOB/B nicht für die Verwendung gegenüber Verbrauchern empfohlen** wird. Anlass hierfür war eine erfolgreiche Unterlassungsklage eines Verbraucherschutzverbandes (vgl. BGH, Urt. v. 24.07.2008, Az. VII ZR 55/07, BauR 2008, 1603).

4.2 Weitere Verzugsfolgen

Neben dem Zinsanspruch hat der Unternehmer nach fruchtlosem Fristablauf gemäß § 16 Abs. 5 Nr. 3 VOB/B das Recht zur **Arbeitseinstellung bis zur Zahlung (§ 16 Abs. 5 Nr. 4 VOB/B).** Schon aus diesem Grunde sollte der Auftragnehmer jedenfalls eine Nachfrist setzen, denn der Verzugseintritt nach Ablauf der Prüfungsfrist (also ohne Nachfrist) begründet nach der VOB kein Recht des Auftragnehmers zur Arbeitseinstellung. Aufgrund der meist gravierenden Folgen eines solchen Vorgehens sollte die Einstellung der Arbeiten dem Auftraggeber zuvor **angedroht** werden – nicht zuletzt vor dem Hintergrund des **Kooperationsgedankens.** Diese Androhung kann mit der Nachfristsetzung verbunden werden.

> **Hinweis für die Praxis**
>
> Beim **BGB-Werkvertrag** kann der Unternehmer bei Zahlungsverzug des Auftraggebers ebenfalls ein Leistungsverweigerungsrecht geltend machen. Dieses ergibt sich nicht aus dem Werkvertragsrecht selbst, sondern aus dem allgemeinen Schuldrecht – der **Einrede des nichterfüllten Vertrages gemäß § 320 BGB.**

Zudem steht dem Unternehmer bei Zahlungsverzug des Auftraggebers ein **Kündigungsrecht gemäß § 9 Abs. 1 Nr. 2 VOB/B** zu. Eine solche Kündigung ist schriftlich zu erklären. Sie setzt zwingend eine vorherige angemessene **Fristsetzung** sowie eine **Kündigungsandrohung** voraus (§ 9 Abs. 2 VOB/B). Eine Kündigung kommt indes nach der Abnahme nicht mehr in Betracht, da dann das Erfüllungsstadium des Vertrages bereits beendet ist.

Als weitere Verzugsfolge ist darauf hinzuweisen, dass dem Unternehmer nach aktueller Rechtslage bei Zahlungsverzug des Auftraggebers ein Anspruch auf Zahlung einer **Pauschale in Höhe von EUR 40** zusteht – und zwar für bspw. jede einzelne Abschlagszahlung, die verspätet geleistet wurde (§ 288 Abs. 5 BGB). Dies gilt nur dann nicht, wenn der Auftraggeber ein Verbraucher ist. Nicht zuletzt sei erwähnt, dass der Unternehmer bei Zahlungsverzug des Auftraggebers Erstattung seiner **Rechtsanwaltskosten** für die Forderungsbeitreibung verlangen kann.

4.3   Skontoabzug nur bei Vereinbarung

Skonto ist ein Abzug vom Rechnungsbetrag bei kurzfristiger Zahlung – regelmäßig noch **vor Fälligkeit** der Zahlung. Skontoabzüge sind gemäß § 16 Abs. 5 Nr. 2 VOB/B unzulässig, sofern sie nicht **vorher vereinbart** worden sind. Ist keine Vereinbarung über Skontoabzüge getroffen worden, so kommt ein Skontoabzug daher nicht in Betracht.

Dem BGB sind Skontoabzüge unbekannt. Solche sind beim BGB-Werkvertrag somit – ebenso wie bei vereinbarter VOB/B – nur bei vertraglicher Vereinbarung zulässig.

Sofern Vereinbarungen dahin gehend getroffen werden, dass Skontoabzüge zu gewähren sind, so ist Voraussetzung, dass dieses hinreichend klar und insbesondere vollständig geschieht. Dazu gehören:

- die Bestimmung, auf **welche Zahlungen** ein Skontoabzug gestattet sein soll (auch auf Abschlagszahlungen?);

- die Absprache, **in welchem Zeitraum** die Zahlung vor Fälligkeit erfolgen muss, um Skonto abziehen zu können;
- die Festlegung, **wie hoch** der Skontoabzug sein soll.

Beispiel

Bei vereinbarter VOB/B werden Abschlagszahlungen nach 21 Tagen, die Schlusszahlung regelmäßig nach 30 Tagen zur Zahlung fällig (jeweils ab Zugang einer prüfbaren Rechnung).

Im Vertrag können die Parteien bspw. verabreden, dass der Auftraggeber von seinen Zahlungen 2 % Skonto abziehen kann, wenn er Abschlagszahlungen binnen einer Woche und die Schlusszahlung binnen zwei Wochen leistet (jeweils ab Zugang einer prüfbaren Rechnung). Aus Sicht des Auftragnehmers wäre eine Klarstellung sinnvoll, dass nur eine vollständige Begleichung des jeweils geschuldeten Zahlbetrages den Auftraggeber zum Skontoabzug berechtigt (vgl. Kammergericht, Urt. v. 12.12.2003, Az. 4 U 263/01, IBR 2005, 187).

Für die Rechtzeitigkeit einer Zahlung ist bei der Skontierung nach zutreffender Auffassung auf die **Zahlungshandlung des Auftraggebers** (also nicht auf den Geldeingang beim Auftragnehmer) abzustellen (OLG Stuttgart, Urt. v. 06.03.2012, Az. 10 U 102/11, BauR 2012, 1104; OLG Düsseldorf, Urt. v. 19.11.1999, Az. 22 U 90/99, BauR 2000, 729). Daran ändert auch die Rechtsprechung des Europäischen Gerichtshofes zur Rechtzeitigkeit von Zahlungen nichts, die auf den Geldeingang beim Empfänger abstellt. Grundlage dieser Rechtsprechung ist die Richtlinie zur Bekämpfung von Zahlungsverzug im Geschäftsverkehr (RL 2011/7/EU). Diese Richtlinie ist auf Skontoabreden nicht anwendbar, da es hierbei nicht um Zahlungsverzug, sondern um Zahlungen vor Eintritt der Fälligkeit geht.

Die Rechtzeitigkeit der Zahlungshandlung (damit auch den Zeitpunkt des Eingangs der prüfbaren Rechnung) muss der Auftraggeber, der Skonto abziehen will, im Streitfall **darlegen und beweisen** (OLG Düsseldorf, Urt. v. 08.09.2000, Az. 22 U 25/00, BauR 2001, 1268).

Die Verjährung des Vergütungsanspruchs

5

Der Vergütungsanspruch des Unternehmers verjährt innerhalb der regelmäßigen Verjährungsfrist des **§ 195 BGB** (s. Abb. 5.1). Diese beträgt **drei Jahre.** Insofern ergeben sich keine Unterschiede zwischen dem BGB-Werkvertrag und dem VOB/B-Vertrag. Die Frist von drei Jahren kann der Auftraggeber nicht in AGB zulasten des Auftragnehmers verkürzen, da dies eine unangemessene Benachteiligung darstellen würde (BGH, Urt. v. 06.12.2012, Az. VII ZR 15/12, IBR 2013, 65).

Gemäß § 199 Abs. 1 BGB beginnt die dreijährige Verjährungsfrist mit dem **Schluss des Jahres,** in dem der **Anspruch entstanden** ist (Abb. 2: am 19.08.2016) und der Gläubiger **Kenntnis** von den **anspruchsbegründenden Umständen** sowie der **Person des Schuldners** erlangt oder ohne grobe Fahrlässigkeit erlangen müsste (Abb. 2: am 30.09.2016).

Hinweis für die Praxis

Häufig fallen die Anspruchsentstehung und die entsprechende Kenntniserlangung des Gläubigers **zeitlich zusammen.** Beide Zeitpunkte können aber auch **auseinanderfallen,** bspw. wenn ein Schaden entsteht und der Geschädigte zunächst nicht weiß und auch nicht wissen kann, wer der Schädiger ist. Dann beginnt die dreijährige Verjährungsfrist entsprechend später – nach Kenntniserlangung zum Jahresende – zu laufen. Es gelten dabei aber folgende **Höchstfristen:**

- bei **Schadensersatzansprüchen:** 10 Jahre ab Anspruchsentstehung (unabhängig von der Kenntnis); ist der Anspruch noch nicht entstanden, tritt die Verjährung spätestens 30 Jahre ab dem schadensauslösenden Ereignis ein (§ 199 Abs. 3 BGB),

© Springer Fachmedien Wiesbaden GmbH 2016
A. Schmidt, *Abrechnung und Bezahlung von Bauleistungen,*
essentials, DOI 10.1007/978-3-658-15704-3_5

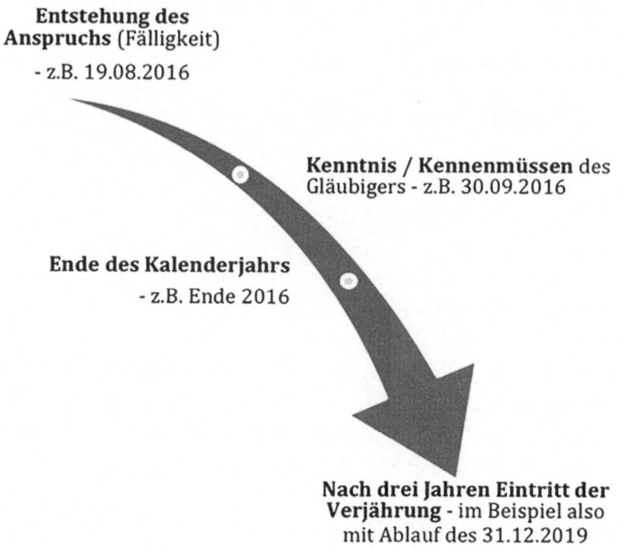

Abb. 5.1 Verjährung des Vergütungsanspruchs

- bei **anderen Ansprüchen** als Schadensersatzansprüchen (also z. B. Vergütungsansprüchen): 10 Jahre ab Anspruchsentstehung, unabhängig von der Kenntnis (§ 199 Abs. 4 BGB).

Entstanden ist der Vergütungsanspruch in dem Zeitpunkt, in dem die **Fälligkeit** des Vergütungsanspruches eingetreten ist. Beim **BGB-Werkvertrag** ist hierfür der Zeitpunkt der **Abnahme** maßgeblich. Bei einem **VOB/B-Vertrag** müssen noch die prüfbare Schlussrechnung sowie der Ablauf der in § 16 Abs. 3 Nr. 1 VOB/B bestimmten Frist für die **Prüfung der Schlussrechnung** hinzukommen. Die Verjährungsfrist beginnt beim VOB-Vertrag daher erst mit dem Ende des Jahres zu laufen, in dem die nach § 16 Abs. 3 Nr. 1 VOB/B zu bestimmende Fälligkeit eintritt. Prüft der Auftraggeber die Rechnung bereits vor Ablauf der Prüffrist, tritt die Fälligkeit der Vergütung zum Zeitpunkt der Prüfung und Feststellung ein (OLG Frankfurt, Urt. v. 20.05.2014, Az. 6 U 124/13, IBR 2014, 465).

Hinweis für die Praxis

Der Eintritt der Fälligkeit umfasst auch solche Forderungen, die in der **Schlussrechnung nicht enthalten** sind, sofern sie aus demselben Vertrag herrühren und in der Schlussrechnung bereits hätten enthalten sein können. Ausgangspunkt ist die Einreichung der Schlussrechnung auch dann, wenn der Auftragnehmer sie entgegen § 14 Abs. 3 VOB/B verspätet eingereicht hat.

Demgegenüber beginnt die dreijährige Verjährungsfrist für den Vergütungsanspruch beim **BGB-Werkvertrag** am **Ende des Jahres,** in dem die **Abnahme** erklärt wurde – also auch dann, wenn der Unternehmer keine Rechnung erteilt hat.

Beispiel

Die Parteien haben die VOB/B vereinbart. Die Abnahme des Bauwerks fand am 28. November 2015 statt. Der Unternehmer reicht am 15. Dezember 2015 die Schlussrechnung ein. Deren Prüfung nimmt 30 Tage in Anspruch. Folglich wurde die Schlusszahlung erst am 14. Januar 2016 fällig.

Die Verjährungsfrist beginnt am 31.12.2016. Sie läuft also **bis zum 31.12.2019.**

Abwandlung 1:

Die Parteien haben einen BGB-Werkvertrag geschlossen. Die Abnahme fand auch hier am 28. November 2015 statt. An diesem Tag wurde die Vergütung fällig.

Die Verjährungsfrist begann bereits am 31.12.2015. Sie läuft also nur **bis zum 31.12.2018.**

Abwandlung 2:

Im Ausgangsfall (bei vereinbarter VOB/B) hat der Auftraggeber die Schlussrechnung des Auftragnehmers vom 15. Dezember 2015 umgehend geprüft und dem Auftragnehmer das Prüfergebnis bereits am 23. Dezember 2015 mitgeteilt (z. B. weil aus Haushaltsgründen noch eine Zahlung in 2015 erfolgen sollte).

Die Verjährungsfrist begann auch hier bereits am 31.12.2015. Sie läuft also nur **bis zum 31.12.2018.**

Die Verjährung wird beim BGB-Werkvertrag wie beim VOB/B-Bauvertrag im Streitfall **nur auf Einrede** des Auftraggebers beachtet. Das bedeutet, der Auftraggeber muss sich auf den Eintritt der Verjährung berufen, anderenfalls bleibt diese unberücksichtigt. Diese Einrede führt nicht zum Erlöschen des Werklohnanspruchs – dieser ist nach Eintritt der Verjährung aber **nicht mehr durchsetzbar** (§ 214 Abs. 1 BGB).

Zu beachten sind bei der Verjährung des Vergütungsanspruchs die Bestimmungen in §§ 203, 204 BGB über die **Hemmung** des Laufs der Verjährungsfrist. Als Folge einer Hemmung wird der Zeitraum, in dem die Verjährung gehemmt ist, bei der Verjährungsfrist nicht eingerechnet (vgl. § 209 BGB). Schweben zwischen den Vertragspartnern **Verhandlungen** über den Anspruch oder die den Anspruch begründenden Umstände, so ist die Verjährung gehemmt, bis der eine oder andere Teil die Fortsetzung der Verhandlungen verweigert. Die Verjährung tritt frühestens drei Monate nach dem Ende der Hemmung ein (§ 203 Satz 2 BGB).

Die Verjährung wird außerdem gemäß **§ 204 Abs. 1 BGB** durch **Maßnahmen der Rechtsverfolgung** gehemmt – z. B.:

- die Erhebung der Klage auf Zahlung oder auf Feststellung des Anspruchs,
- die Zustellung des Mahnbescheids im Mahnverfahren,
- die Geltendmachung der Aufrechnung des Anspruchs im Prozess,
- die Zustellung der Streitverkündung,
- die Zustellung des Antrags auf Durchführung eines selbstständigen Beweisverfahrens.

Neben diesen Hemmungstatbeständen kennt das Verjährungsrecht den **Neubeginn der Verjährung.** Gemäß § 212 Abs. 1 BGB beginnt die Verjährungsfrist erneut zu laufen, wenn

- der Schuldner dem Gläubiger gegenüber den Anspruch durch Abschlagszahlung, Zinszahlung, Sicherheitsleistung oder in anderer Weise anerkennt oder
- eine gerichtliche oder behördliche Vollstreckungshandlung vorgenommen oder beantragt wird.

Hingegen führt die **bloße Anmahnung** des Vergütungsanspruchs **weder zu einer Hemmung noch zu einem Neubeginn** der Verjährung.

Beispiel

Im vorhergehend beschriebenen Beispiel tritt die Verjährung zum 31. Dezember 2019 ein. Am 15. Dezember 2019 schreibt der Unternehmer den Auftraggeber an. Er fordert ihn zur Zahlung bis spätestens zum 23. Dezember 2019 auf. Der Auftraggeber reagiert darauf nicht. Der Bauunternehmer geht in den Weihnachtsurlaub. Mit Ablauf des 31. Dezember 2019 ist der Anspruch verjährt.

Abwandlung:
Der Auftraggeber reagiert auf das Schreiben vom 15. Dezember 2019 umgehend mit Schreiben vom 20. Dezember 2019. Darin legt er dar, weshalb aus seiner Sicht der Anspruch nicht berechtigt ist. In diesem Fall ließe sich eine Hemmung der Verjährung aufgrund von Verhandlungen annehmen (§ 203 BGB). Die Verjährung könnte erst drei Monate nach dem Ende der Hemmung durch Verhandlungen eintreten (§ 203 Satz 2 BGB), also frühestens am 20. März 2020.

Der sicherste Weg für den Unternehmer besteht aber auch in einer solchen Situation darin, entweder eine **Vereinbarung über eine Verjährungsverlängerung** mit dem Auftraggeber abzuschließen oder – wenn eine Vereinbarung nicht zustande kommt – den Anspruch noch vor dem Jahresende 2019 nach § 204 BGB **gerichtlich geltend zu machen.**

Sicherheiten zugunsten des Auftragnehmers

6

6.1 Die Bauhandwerkersicherungshypothek nach § 648 BGB

Zugunsten des Bauunternehmers ergeben sich aus dem **BGB-Werkvertragsrecht umfangreiche Sicherungsrechte** (§§ 648, 648a BGB – diese gelten auch bei Vereinbarung der VOB/B).

Das Sicherungsbedürfnis des Unternehmers besteht hinsichtlich seines Werklohnanspruchs. Er muss zunächst für Material- und Personalkosten in Vorleistung treten. Seinen Werklohn erhält er – abgesehen von Abschlägen – regelmäßig erst nach Fertigstellung und Abnahme seiner Leistung. Bis dahin muss er sich gegen eine evtl. eintretende Zahlungsunfähigkeit des Auftraggebers absichern.

Hinweis für die Praxis

Das **Unternehmerpfandrecht gemäß § 647 BGB** spielt hingegen im Bauvertragsrecht keine Rolle. Es entsteht nur an **beweglichen Sachen** des Bestellers (z. B. an einem reparierten Auto). Der Bauunternehmer bearbeitet hingegen in aller Regel unbewegliche Sachen.

Nach **§ 648 Abs. 1 BGB** kann der Bauunternehmer seinen Werklohnanspruch sichern, indem er hierfür die **Eintragung einer Sicherungshypothek am Baugrundstück des Auftraggebers** verlangt. Voraussetzung ist, dass der Unternehmer Bauarbeiten zu erbringen hat, wozu isoliert beauftragte Arbeiten an einem **Grundstück regelmäßig nicht** zählen (z. B. Rodungsarbeiten, Abbrucharbeiten – Ausnahmen sind möglich, s. z. B. OLG München, Beschl. v. 17.09.2004, Az.: 28 W 2286/04, IBR 2004, 678).

© Springer Fachmedien Wiesbaden GmbH 2016
A. Schmidt, *Abrechnung und Bezahlung von Bauleistungen,*
essentials, DOI 10.1007/978-3-658-15704-3_6

Eine solche Hypothek berechtigt den Unternehmer, das Baugrundstück zwangsversteigern zu lassen und aus dem Versteigerungserlös seinen Werklohnanspruch zu befriedigen. Da der Auftraggeber die Eintragung der Sicherungshypothek regelmäßig nicht freiwillig bewilligen wird, kann der Bauunternehmer vor Gericht im Wege der **einstweiligen Verfügung** zunächst eine **Vormerkung** zur Sicherung einer Bauhandwerkersicherungshypothek im Grundbuch eintragen lassen. Ist die Vormerkung erst einmal eingetragen, kann diese ein durchaus wirksames Druckmittel darstellen – etwa wenn der Auftraggeber einen Verkauf des Baugrundstücks beabsichtigt.

Hinweis für die Praxis

Die Eintragung einer Vormerkung für eine Bauhandwerkersicherungshypothek im Wege der einstweiligen Verfügung setzt voraus, dass der Unternehmer die **Höhe seines Werklohnanspruchs glaubhaft macht.** Zur Glaubhaftmachung der Rechnungshöhe kann ein Prüfvermerk ausreichen, den der Architekt des Bestellers auf der Rechnung angebracht hat (OLG Karlsruhe, Beschl. v. 04.08.2009, Az. 4 W 36/09, IBR 2010, 567).

Wesentliche **Anspruchsvoraussetzung** ist, dass der **Auftraggeber zugleich Eigentümer des Baugrundstücks** sein muss. Folglich kann der Subunternehmer regelmäßig keinen Anspruch aus § 648 BGB geltend machen, da sein Auftraggeber – der Haupt- oder Generalunternehmer – typischerweise gerade nicht Eigentümer des Baugrundstücks ist. Von diesem Grundsatz der rechtlichen Identität lässt die Rechtsprechung in besonderen Fällen **Ausnahmen** nach dem Grundsatz von **Treu und Glauben** (§ 242 BGB) zu. Eine solche Ausnahme kommt in Betracht, wenn der Eigentümer zwar nicht Auftraggeber der Bauleistung war, er aber den **Auftraggeber wirtschaftlich beherrscht und die wirtschaftlichen Vorteile aus der Bauleistung zieht,** z. B. bei einer Ein-Mann-GmbH, deren Alleingesellschafter Grundstückseigentümer ist (vgl. BGH, Urt. v. 22.10.1987, Az. VII ZR 12/87, BauR 1988, 88; OLG Hamm, Urt. v. 30.11.2006, Az. 21 U 80/06, IBR 2008, 154, 118; OLG Celle, Urt. v. 21.04.2004, Az. 7 U 199/03, BauR 2006, 543).

Sicherbar sind alle vertraglichen Ansprüche des Bauunternehmers gegen den Auftraggeber, also insbesondere der **Anspruch auf Werklohn.** Aus § 648 Abs. 1 Satz 2 BGB ergibt sich, dass die Hypothek grundsätzlich nur entsprechend dem Umfang der **schon erbrachten Werkleistung** verlangt werden kann. Abweichend hiervon kann der Unternehmer im Fall einer **Kündigung** des Auftraggebers nach § 649 BGB **auch die Vergütung für nicht erbrachte Leistungen** (§ 649 S. 2 u. 3 BGB) durch eine Sicherungshypothek absichern (OLG Düsseldorf, Beschl. v. 14.08.2003, Az. I–5 W 17/03, IBR 2004, 139).

Ein Problem für den Bauunternehmer liegt darin, dass im Grundbuch häufig schon **vorrangige Grundpfandrechte** eingetragen sind – meist zugunsten der finanzierenden Kreditinstitute. Dann kann sich die Bauhandwerkersicherungshypothek im Ergebnis als wirtschaftlich nutzlos erweisen.

6.2   Die Bauhandwerkersicherung nach § 648a BGB

Von größerer praktischer Bedeutung ist die in § 648a BGB geregelte sogenannte Bauhandwerkersicherung. Hiernach kann der Bauunternehmer verlangen, dass der Auftraggeber ihm **Sicherheit in Höhe der noch nicht gezahlten Vergütung zzgl. Nebenforderungen von 10 %** stellt (§ 648a Abs. 1 Satz 2 BGB). Der Anspruch besteht **unmittelbar ab Abschluss** des Bauvertrages. Die Sicherheit kann **auch noch nach der Abnahme** verlangt werden, solange der Vergütungsanspruch des Unternehmers noch nicht erfüllt ist (BGH, Urt. v. 22.01.2004, Az. VII ZR 183/02, BauR 2004, 487). Sogar **nach einer Kündigung** des Bauvertrags kann der Unternehmer noch Sicherheit nach § 648a BGB verlangen (BGH, Urt. v. 06.03.2014, Az. VII ZR 349/12, BauR 2014, 992). Auf das Eigentum am Baugrundstück kommt es hier, anders als bei § 648 BGB, nicht an. **Auch der Subunternehmer** kann also eine Sicherheit nach § 648a BGB von seinem Auftraggeber verlangen.

Hinweis für die Praxis

Besteht unter den Vertragspartnern Streit über die **Höhe des Vergütungsanspruchs,** kann der Auftraggeber die Sicherheitsleistung deswegen **nicht verweigern.** Es ist in diesem Fall verpflichtet, die Sicherheit zumindest **in der seiner Meinung nach zutreffenden Höhe** zu stellen (OLG Düsseldorf, Urt. v. 06.10.2009, Az. 21 U 130/08, BauR 2009, 1940).

Klagt der Bauunternehmer seinen Anspruch auf Sicherheit nach § 648a BGB ein, muss er seinen Vergütungsanspruch schlüssig darlegen. Regelmäßig wird im Prozess die Berechnung des dargelegten Vergütungsanspruchs streitig sein. In diesem Fall ist dem Unternehmer für seine schlüssig dargelegte Vergütung eine Sicherheit ohne Klärung der Streitfragen zu gewähren (BGH, Urt. v. 06.03.2014, Az. VII ZR 349/12, BauR 2014, 992). Nach dieser Rechtsprechung soll der Unternehmer möglichst schnell in den Genuss der Sicherheit kommen – auch wenn hierbei die Gefahr besteht, dass der Auftraggeber möglichweise eine höhere als die tatsächlich geschuldete Sicherheit leisten muss. Dadurch wird die Bauhandwerkersicherung nach § 648a BGB zu einem effektiven Instrument zur Durchsetzung des Werklohnanspruchs.

Die Sicherheit nach § 648a BGB wird **meist in Form einer Bürgschaft** einer Bank oder eines Kreditversicherers gewährt. Das Sicherungsmittel kann der Auftraggeber unter Beachtung der Vorgaben in § 648a Abs. 2 BGB wählen. Die **Kosten** der Sicherheit (Avalzinsen) hat regelmäßig der **Unternehmer** bis zu einer Höhe von 2 % pro Jahr zu tragen (§ 648a Abs. 3 BGB).

Hinweis für die Praxis

Der Unternehmer sollte wegen der Höhe der Avalzinsen immer einen Nachweis verlangen. Gerade in der aktuellen Niedrigzinsphase werden für Sicherheiten nach § 648a BGB häufig niedrigere Avalzinsen als 2 % p. a. verlangt. Dann muss der Unternehmer dem Auftraggeber natürlich nur die Zinsen in der angefallenen Höhe erstatten.

In bestimmten Fällen kann der Auftraggeber keine Erstattung der Avalzinsen verlangen – wenn die Sicherheit wegen Einwendungen des Auftraggebers benötigt wurde und diese sich als unbegründet erweisen (§ 648a Abs. 3 Satz 2 BGB).

Soweit der Unternehmer durch eine Sicherheit nach § 648a BGB gesichert ist, kann er **nicht zusätzlich eine Sicherungshypothek** nach § 648 BGB verlangen (§ 648a Abs. 4 BGB).

Hat der Unternehmer dem Auftraggeber eine **angemessene Frist zur Sicherheitsleistung** nach § 648a BGB gesetzt, so hat der Auftraggeber regelmäßig Veranlassung, unverzüglich tätig zu werden: Läuft die Frist ergebnislos ab, kann der Unternehmer die **Leistung verweigern oder gar den Vertrag kündigen** – ohne dass es hierfür weiterer Voraussetzungen bedarf (§ 648a Abs. 5 BGB). Insbesondere eine Androhung der Arbeitseinstellung oder Kündigung ist nicht erforderlich (wenngleich zumindest eine Kündigung wegen des Kooperationsgedankens stets angedroht werden sollte).

Außerdem kann der Auftraggeber, der die Sicherheit nach § 648a BGB nach Fristablauf nicht geleistet hat, die Zahlung des Werklohns nur in Höhe der einfachen Mängelbeseitigungskosten verweigern; der **Druckzuschlag** gemäß § 641 Abs. 3 BGB steht ihm dann nicht mehr zu (OLG Jena, Urt. v. 06.03.2013, Az. 2 U 105/12, IBR 2014, 415).

Hinweis für die Praxis

Angemessen wird regelmäßig eine **Frist von ca. zwei Wochen** zur Beschaffung der Sicherheit sein. Im Einzelfall wurden sogar drei Wochen als erforderlich angesehen (OLG Naumburg, Urt. v. 16.08.2001, Az. 2 U 17/01, BauR

2003, 556). Eine **zu kurze Frist** setzt auch hier automatisch eine **angemessene Frist** in Lauf. Kann der Auftraggeber die Sicherheit nicht innerhalb der gesetzten Frist beschaffen, sollte er dem Unternehmer zumindest mitteilen, dass er die Sicherheit bspw. bei der Bank beantragt hat. Nach Möglichkeit sollte er auch avisieren, bis wann mit der Vorlage der Sicherheit gerechnet werden kann.

Im Fall einer Kündigung des Unternehmers ist wie nach einer freien Kündigung des Auftraggebers **nach § 649 BGB abzurechnen.** Der Unternehmer kann also die **vereinbarte Vergütung abzüglich ersparter Aufwendungen sowie anderweitigen Erwerbs** verlangen (§ 648a Abs. 5 BGB). Liegen Mängel der Bauleistung vor, muss der Unternehmer nach einer Kündigung diese nicht mehr beseitigen. Im Gegenzug wird seine Vergütung um den mangelbedingten Minderwert gekürzt (BGH, Urt. v. 28.09.2006, Az. VII ZR 303/04, BauR 2007, 113 u. Urt. v. 22.01.2004, Az. VII ZR 183/02, BauR 2004, 826 – jeweils für § 648a BGB a. F.). Das gilt auch, wenn die Parteien die VOB/B vereinbart haben (BGH, Urt. v. 16.04.2009, Az. VII ZR 9/08, BauR 2009, 1152).

Zwei **Ausnahmen vom Anwendungsbereich** des § 648a BGB sind von Bedeutung: Die Bauhandwerkersicherung kann nicht verlangt werden, wenn Auftraggeber die **öffentliche Hand** oder ein „**Häuslebauer**" ist (§ 648a Abs. 6 BGB). Bei öffentlichen Auftraggebern geht der Gesetzgeber davon aus, dass der Unternehmer kein Insolvenzrisiko hat – und damit auch kein Sicherungsbedürfnis besteht. Bei „Häuslebauern" wird in vielen Fällen der Anwendungsbereich der Sicherungshypothek nach § 648 BGB eröffnet sein. Im Übrigen hat der Bauunternehmer hier eher als bei professionellen Auftraggebern die Möglichkeit, eine Sicherheit auf vertraglicher Basis durchzusetzen.

Die Regelungen in § 648a Abs. 1–5 BGB stellen **zwingendes Recht** dar (§ 648a Abs. 7 BGB). Von ihnen kann durch vertragliche Gestaltungen nicht abgewichen werden – auch nicht durch Individualvereinbarungen.

Checkliste: Vorbereitung einer Werklohnklage

Zahlt der Auftraggeber nach Fertigstellung und Abnahme der Bauleistung nicht (vollständig), und/oder verweigert er zu Unrecht die Abnahme, wird der Auftragnehmer die Erhebung einer Werklohnklage in Betracht ziehen müssen – und zwar rechtzeitig vor Eintritt der Verjährung der Werklohnforderung (vgl. oben Ziff. 4.). Hierbei sind vorbereitend folgende Überlegungen anzustellen bzw. Unterlagen, soweit vorhanden, zusammenzustellen:

- Angebot des Auftragnehmers;
- Verhandlungsprotokoll(e);
- Auftragsschreiben des Auftraggebers;
- Nachtragsbeauftragungen und Nachtragsangebote;
- Beim gekündigten Vertrag zusätzlich: Mitteilung, welche Leistungen bis zur Kündigung erbracht wurden und welche anteilige Vergütung darauf nach dem Vertrag entfällt;
- Abnahmeprotokoll mit Anlagen bzw. schriftliche Aufforderung zur Abnahme mit Fristsetzung (§ 640 Abs. 1 Satz 3 BGB), ggf. Privatgutachten eines Sachverständigen, das die Abnahmereife der erbrachten Leistung bestätigt;
- Schlussrechnung (beim Einheitspreisvertrag inkl. Aufmaßunterlagen, bei Stundenlohnarbeiten inkl. Regieberichten);
- Mitteilung, welche Abschlagszahlungen geleistet wurden;
- Prüfexemplar der Schlussrechnung inkl. Abrechnungsschreiben;
- Vorbehalt/Vorbehaltsbegründung des Auftragnehmers gegen eine etwaige Schlusszahlung;
- Mahnschreiben des Auftragnehmers; ggf. Stellungnahme des Auftraggebers;

© Springer Fachmedien Wiesbaden GmbH 2016
A. Schmidt, *Abrechnung und Bezahlung von Bauleistungen,*
essentials, DOI 10.1007/978-3-658-15704-3_7

- Informationen zu Sicherheiten, die von den Parteien jeweils gestellt wurden (z. B. Kopien der Vertragserfüllungs- und/oder Mängelansprüchebürgschaft bzw. der Sicherheit nach § 648a BGB).

Wenngleich es eigentlich eine Selbstverständlichkeit ist, sei an dieser Stelle daran erinnert: Der mit der Klageerhebung beauftragte Rechtsanwalt kann schneller einen Klageentwurf anfertigen, wenn ihm die oben genannten Informationen möglichst vollständig und geordnet übergeben werden. Außerdem sollten Unternehmer bei drohender Verjährung des Vergütungsanspruchs zum Jahresende bedenken, dass genau aus diesem Grund der Arbeitsanfall in Rechtsanwaltskanzleien im Dezember meist besonders hoch ist. Klageaufträge sollten daher nach Möglichkeit nicht erst kurz vor dem Jahresende erteilt werden.

Was Sie aus diesem *essential* mitnehmen können

- Kenntnisse der Abrechnungsvorschriften der VOB
- Handlungsanweisungen bei Zahlungsverzug des Auftraggebers …
- Problembewusstsein hinsichtlich der Verjährung Ihres Werklohnanspruchs
- Informationen über die gesetzlichen Möglichkeiten der Sicherung Ihrer Werklohnansprüche

© Springer Fachmedien Wiesbaden GmbH 2016
A. Schmidt, *Abrechnung und Bezahlung von Bauleistungen,*
essentials, DOI 10.1007/978-3-658-15704-3